Patrik Mülhöfer

Winterlicher Wärmeschutz im Wohnungsbau. Grundbegriffe, historische Entwicklung und Kritik

GRIN Verlag

Bibliografische Information der Deutschen Nationalbibliothek:

Die Deutsche Bibliothek verzeichnet diese Publikation in der Deutschen National-
bibliografie; detaillierte bibliografische Daten sind im Internet über http://dnb.d-
nb.de/ abrufbar.

Impressum:

Copyright © 2015 GRIN Verlag GmbH
Druck und Bindung: Books on Demand GmbH, Norderstedt Germany
ISBN: 978-3-656-90220-1

Dieses Buch bei GRIN:

http://www.grin.com/de/e-book/293060/winterlicher-waermeschutz-im-wohnungs-
bau-grundbegriffe-historische-entwicklung

Winterlicher Wärmeschutz im Wohnungsbau

Grundbegriffe, historische Entwicklung und Kritik

Hausarbeit im Modul

„Immobilienmanagement I: Bautechnische Grundlagen"

an der

EBZ Business School,
University of Applied Sciences, Bochum

Eingereicht von:

Patrik Mülhöfer

Menden, 10.01.2015

Inhaltsverzeichnis

Abbildungsverzeichnis

Tabellenverzeichnis

1. Einleitung

Der Umweltschutz und – spätestens seit der Ölkrise – auch das Einsparen fossiler Energieträger traten in den vergangenen Jahrzehnten mehr und mehr in das Bewusstsein von Medien, Bevölkerung und Politik. Wie auf andere Wirtschafts- und Industriezweige auch hat dieses Bewusstsein durch stetig weiter verschärfte Vorgaben, insbesondere im Neubau, großen Einfluss auf die Wohnungswirtschaft. So trat zuletzt am 1. Mai 2014 die novellierte Energieeinsparverordnung (EnEV) 2014 in Kraft, welche für Neubauten, die ab dem 1. Januar 2016 errichtet werden, einen um 25% gesenkten Primärenergiebedarf im Vergleich zur EnEV 2009 vorsieht. Ab 2021 gilt dann für alle Neubauten der von der Europäischen Union festgelegte Niedrigstenergie-Gebäudestandard. Die entsprechenden Richtwerte sollen bis Ende 2018 veröffentlicht werden. Auch hier ist erneut von einer drastischen Verschärfung der Regelungen auszugehen. Doch nicht nur bei Neubauten, sondern auch bei Bestandsgebäuden werden die Regelungen stetig verschärft. So müssen beispielsweise ab 2015 die meisten Heizkessel, die vor mehr als 30 Jahren in Betrieb genommen wurden, ausgetauscht werden.

Der wohl wichtigste Aspekt zur Erreichung der strengen Vorgaben ist im winterlichen Wärmeschutz der Gebäude zu suchen. Mit diesem beschäftigt sich die folgende Hausarbeit.

So werden zunächst wichtige Grundbegriffe und Kennwerte erläutert, anschließend wird auf diejenigen Bauteile, die für den winterlichen Wärmeschutz besondere Bedeutung haben, eingegangen. Im weiteren Verlauf wird die Historie des Wärmeschutzes beleuchtet, bevor Maßnahmen zur Beseitigung energetischer Schwachpunkte von Gebäuden aufgezeigt werden. Bei all den Vorteilen, die Energieeinsparmaßnahmen mit sich bringen, regt sich jedoch auch immer wieder Kritik, insbesondere an Wärmedämmungen. Auch auf diese wird in der Hausarbeit eingegangen.

Bei den für diese Hausarbeit genutzten Quellen handelt es sich insbesondere um einschlägige Fachliteratur, jedoch waren vereinzelt, insbesondere für den letzten Teil, auch Internetrecherchen nötig. Hierbei handelt es sich um Zeitungsartikel, welche die Meinungen einiger Experten zum Thema Wärmeschutz widerspiegeln.

2. Bauphysikalische Grundbegriffe

Im Bereich des winterlichen Wärmeschutzes gibt es einige Grundbegriffe, welche für das Verständnis technischer Zusammenhänge und somit auch der Hausarbeit von großer Bedeutung sind. Diese werden im nachfolgenden Kapitel erklärt. Hierbei wird besonderer Wert auf die Definitionen der Kennzahlen gelegt, auf eine Erklärung der mathematischen Formeln zur Berechnung der entsprechenden Werte wird aufgrund der Komplexität des Themas verzichtet.

2.1 Winterlicher Wärmeschutz

In jedem Gebäude entsteht durch Beheizung sowie durch die Nutzung elektrischer Geräte, die Personen, welche das Gebäude nutzen, und nicht zuletzt durch Sonneneinstrahlung Wärmeenergie. Diese Wärmeenergie bleibt jedoch nicht im Gebäude, sondern wird durch die Gebäudeaußenhülle, also durch die Außenwände, Fenster, das Dach sowie den unteren Gebäudeabschluss, nach außen geleitet. Dieser Effekt wird Transmission genannt.[1]

Aufgabe des winterlichen Wärmeschutzes ist insbesondere, den Wärmeenergieverlust durch Transmission zu minimieren. Diese Wärmeenergieverluste treten insbesondere durch eine fehlende oder durch eine unzureichend ausgeführte Wärmedämmung der Gebäudehülle auf. Neben dem Wärmeverlust kann eine schlecht gedämmte Fassade auch zu Tauwasserbildung führen, was langfristig gesehen Schimmel mit sich bringen könnte. Auch die Behaglichkeit des Gebäudes wird mangels Wärmedämmung gefährdet.[2]

2.2 Thermische Behaglichkeit

Unter Behaglichkeit versteht man Umstände, in denen sich ein Nutzer besonders wohlfühlt. Thermische Behaglichkeit ist bei einem Klima gegeben, in dem „der Wärmehaushalt des Körpers bei einer Körperkerntemperatur von etwa 37°C im Gleichgewicht ist"[3].

Da die thermische Behaglichkeit sich nicht objektiv berechnen lässt, sondern vom subjektiven Empfinden des Nutzers abhängig ist, gilt ein „akzeptables Raumklima" gemäß DIN EN ISO 7730 dann als erreicht, wenn mindestens 80% der Nutzer das Klima als annehmbar empfinden.[4]

Für die thermische Behaglichkeit sind neben Kleidung und körperlichen Aktivitäten insbesondere die Luftbewegung bzw. die Zugluft, die Luftfeuchte sowie die Lufttemperatur und deren Gleichmäßigkeit von Bedeutung. Großen Einfluss haben auch die Innenoberflächentemperaturen von beispielsweise Fenstern und Außenwänden, da diese, wenn sie von der Lufttemperatur zu weit abweichen, für einen Verlust der Körperwärme des Nutzers führen, wodurch eigentlich angenehme Lufttemperaturen als zu kalt empfunden werden. Demnach hat auch die Raumlufttemperatur als Mittelwert aus Luft- und Innenoberflächentemperatur Einfluss auf die Behaglichkeit.[5]

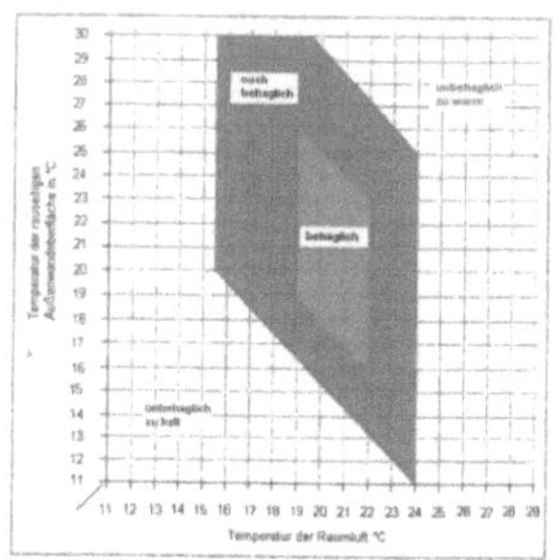

Abbildung 1: Behaglichkeit (aus: Gärtner, G. und Lotz, A. (2010): Wärmeschutz in der Praxis, 1. Auflage, Stuttgart, S. 19)

---

[1] Vgl. Gärtner, G. und Lotz, A. (2010): Wärmeschutz in der Praxis, 1. Auflage, Stuttgart, S. 18
[2] Vgl. Gärtner, G. und Lotz, A. (2010): Wärmeschutz in der Praxis, 1. Auflage, Stuttgart, S. 18, 23
[3] Schild, K. und Willems, W.M. (2013): Wärmeschutz, 2. Auflage, Wiesbaden, S. 292
[4] Vgl. Schild, K. und Willems, W.M. (2013): Wärmeschutz, 2. Auflage, Wiesbaden, S. 292
[5] Vgl. Königstein, T. (2014): Ratgeber Energiesparendes Bauen und Sanieren, 6. Auflage, Taunusstein, S. 10 ff.

2.3 Wärmeleitfähigkeit

Die Wärmeleitfähigkeit ist eine Stoffgröße und wird mit dem griechischen Buchstaben λ (kleines Lambda) bezeichnet. Sie gibt an, welche Wärmemenge sekündlich durch einen 1 Meter dicken Stoff bei einem Temperaturunterschied von 1 Kelvin an beiden Enden – erst bei diesem Temperaturunterschied entsteht Wärmeströmung - strömt. Je kleiner die Zahl der Wärmeleitfähigkeit ist, desto weniger Wärme strömt durch einen Stoff und desto schlechter ist die Wärmeleitfähigkeit.[6]

Um Wärmeverluste zu minimieren, sollten somit Baustoffe mit einer möglichst geringen Wärmeleitfähigkeit verbaut werden. Die Wärmeleitfähigkeit wird auch benötigt, um den Wärmedurchgangskoeffizienten, den sogenannten U-Wert, zu berechnen.

2.4 Wärmedurchgangskoeffizient/"U-Wert"

Der Wärmedurchgangskoeffizient, auch U-Wert genannt, gibt an, wie viel Wärmeenergie durch einen Quadratmeter eines Bauteils bei einer Temperaturdifferenz von 1 K von innen nach außen strömt.[7] Der U-Wert betrifft somit nicht den Baustoff, sondern das Bauteil (z.B. Außenwand oder Fenster).

Errechnet wird er durch die Wärmeleitfähigkeit der verwendeten Baustoffe sowie die Dicke des Baustoffs. Der Wärmedurchgangskoeffizient bestimmt somit auch, wie dick eine Dämmschicht am Bauteil sein muss, um den vorhandenen Vorgaben zu entsprechen.[8]

Genau wie bei der Wärmeleitfähigkeit gilt auch beim Wärmedurchgangskoeffizienten: Je niedriger der U-Wert, desto weniger Wärmeenergie strömt nach außen und desto besser ist die Wärmedämmqualität.[9]

In folgender Tabelle sind beispielhaft einige U-Werte, die gemäß EnEV 2014 für neue oder zu erneuernde Bauteile im Baubestand einzuhalten sind, aufgeführt:

Bauteil	Max. U-Wert in W/(m²K)
Außenwände (Innendämmung, Gefacherneuerung)	0,24
Außen liegende Fenster, Fenstertüren	1,30
Dachflächenfenster	1,40
Decken, Dächer, Dachschrägen	0,24
Decken und Wände gegen unbeheizte Räume bzw. Erdreich	0,30

Tabelle 1: Einzuhaltende U-Werte für neue oder zu erneuernde Bauteile im Baubestand (vgl. o.V. (2012): Wärmedämmung, Verbraucherzentrale Bundesverband e.V., 7. Auflage, Berlin, S. 21)

2.5 Wärmebrücken

Man spricht von einer sogenannten Wärmebrücke, wenn an einem Bauteil der Gebäudeaußenhülle ein normal auftretender Wärmestrom deutlich erhöht ist.[10] Da Wärmeenergie stets von der

---

[6] Vgl. Königstein, T. (2014): Ratgeber Energiesparendes Bauen und Sanieren, 6. Auflage, Taunusstein, S. 15
[7] Vgl. Königstein, T. (2014): Ratgeber Energiesparendes Bauen und Sanieren, 6. Auflage, Taunusstein, S. 16
[8] Vgl. Gärtner, G. und Lotz, A. (2010): Wärmeschutz in der Praxis, 1. Auflage, Stuttgart, S. 14
[9] Vgl. Königstein, T. (2014): Ratgeber Energiesparendes Bauen und Sanieren, 6. Auflage, Taunusstein, S. 16
[10] Vgl. Schild, K. und Willems, W.M. (2013): Wärmeschutz, 2. Auflage, Wiesbaden, S. 151

höheren zur niedrigen Temperaturseite fließt und niemals umgekehrt, ist der Begriff „Kältebrücke" sachlich unzutreffend.[11] Da über Wärmebrücken besonders viel Wärme verloren geht, steigt durch sie der Heizenergiebedarf. Durch den starken Wärmeabfluss wird weiter die thermische Behaglichkeit beeinträchtigt, da dem Körper des Nutzers mehr Wärme entzogen wird und ein Gefühl von Zugluft enstehen kann. Zuletzt besteht an betroffenen Stellen durch die geringe Oberflächentemperatur eine erhöhte Gefahr von Tauwasserausfall.[12] Wärmebrücken können durch drei verschiedene Ursachen entstehen:

2.5.1 Geometrisch bedingte Wärmebrücken

Diese Art der Wärmebrücke kann entstehen, wenn eine vergleichsweise kleine, wärmezuführende Innenfläche eines Bauteils einer größeren, wärmeabführenden Bauteilaußenfläche gegenübersteht.[13] Dieser sogenannte Kühlrippeneffekt tritt beispielsweise regelmäßig an Stellen auf, bei denen zwei Außenwände aufeinandertreffen.

2.5.2 Konstruktiv bedingte Wärmebrücken

Konstruktiv bedingte Wärmebrücken entstehen, wenn bei einem Bauteil nebeneinander liegende Bereiche aus verschiedenen Baustoffen mit unterschiedlichen Wärmeleitfähigkeiten gefertigt wurden. Der Effekt kann allerdings auch auftreten, wenn die Baustoffe denselben U-Wert haben.[14]

2.5.3 Wärmebrücken durch unsachgemäße Ausführung

Diese können beispielsweise durch Lücken in der Dämmung oder einen mangelhaft durchgeführten Anschluss zwischen Fensterrahmen und Außenwand entstehen.[15]

2.6 Taupunkt und Tauwasserausfall

Die Raumluft kann nur eine bestimmte Menge an Feuchtigkeit in Wasserdampf aufnehmen. Hierbei steigt die Menge der maximal aufgenommen Feuchtigkeit mit der Lufttemperatur. Beim Abkühlen ohne gleichzeitiges Trocknen der Luft steigt somit die relative Luftfeuchtigkeit erheblich an. Ist die Luft wasserdampfgesättigt, besteht also eine relative Luftfeuchtigkeit von 100 %, ist der sogenannte Taupunkt bzw. die Taupunkttemperatur erreicht.[16] Bei dieser Temperatur beginnt der überschüssige Wasserdampf an vorhandenen Oberflächen zu kondensieren, hier spricht man vom Tauwasserausfall. Dieser Vorgang ist beispielsweise zu beobachten, wenn Spiegel und Fenster während des Duschens beschlagen. Je kälter hierbei die Oberfläche ist, desto mehr Feuchtigkeit schlägt sich an dieser Stelle nieder, was erklärt, warum an Bauteilen mit Wärmebrücken eine deutlich erhöhte Gefahr der Stock- und Schimmelpilzbildung gegeben ist. Voraussetzung für die Bildung von Schimmel ist allerdings, dass es sich bei der feuchten Stelle um ein Bauteil aus organischen Stoffen handelt. Daher kann Schimmel beispielsweise nicht auf Fliesen, allerdings durchaus in den Fugen entstehen.

---

[11] Vgl. Königstein, T. (2014): Ratgeber Energiesparendes Bauen und Sanieren, 6. Auflage, Taunusstein, S. 16
[12] Vgl. Kapitel 2.6 Taupunkt und Tauwasserausfall
[13] Vgl. Schild, K. und Willems, W.M. (2013): Wärmeschutz, 2. Auflage, Wiesbaden, S. 152
[14] Vgl. Schild, K. und Willems, W.M. (2013): Wärmeschutz, 2. Auflage, Wiesbaden, S. 152
[15] Vgl. Königstein, T. (2014): Ratgeber Energiesparendes Bauen und Sanieren, 6. Auflage, Taunusstein, S. 86
[16] Vgl. Arndt, H. (2014): Wärmeschutz und Feuchte in der Praxis, 3. Auflage, Berlin, S. 33

In nachfolgender Tabelle sind einige Oberflächentemperaturen in Abhängigkeit von der Lufttemperatur und relativer Luftfeuchte gemäß DIN 4108-3 Tabelle A4 gelistet, bei denen es zu Tauwasserausfall kommt:

Lufttemperatur	Taupunkttemperatur in °C bei einer relativen Luftfeuchte von						
	40%	45%	50%	55%	60%	70%	80%
18°C	4,2	5,9	7,4	8,8	10,1	12,5	14,5
19°C	5,1	6,8	8,3	9,8	11,1	13,4	15,5
20°C	6,0	7,7	9,3	10,7	12,0	14,4	16,4
21°C	6,9	8,6	10,2	11,6	12,9	15,3	17,4
22°C	7,8	9,5	11,1	12,5	13,9	16,3	18,4
23°C	8,7	10,4	12,0	13,5	14,8	17,2	19,4

Tabelle 2: Taupunkttemperatur in Abhängigkeit der Raumtemperatur und der relativen Raumluftreuchte gem. DIN 4108-3 Tabelle A4 (vgl. Gärtner, G. und Lotz, A. (2010): Wärmeschutz in der Praxis, 1. Auflage, Stuttgart, S. 29)

3. Bauteile

Nachfolgend werden diejenigen Bauteile eines Gebäudes beschrieben, die für den winterlichen Wärmeschutz von besonderer Bedeutung sind. Hierbei handelt es sich insbesondere um Bauteile, welche zur Außenhülle des Gebäudes gehören und somit die erwärmte Raumluft von der kalten Außenluft abschirmen.

3.1 Mauerwerk

Im modernen Wohnungsbau wird in der Regel auf künstliche Steine zurückgegriffen. Diese bestehen aus Sand, Bims, Kalk, Ton oder Gips und werden durch Hitze, Druck, Wasserdampf sowie die Beimischung diverser Chemikalien in Form gebracht. Das fertige Mauerwerk wird innen wie außen mit einer Putzschicht versehen. Die Vorteile des Mauerwerkbaus aus künstlichen Mauersteinen bestehen in der einfachen Verarbeiten, der guten Statik sowie der guten Schall- und Brandschutzeigenschaften. Aufgrund der vergleichsweise hohen Rohdichte, welche für die guten Eigenschaften verantwortlich ist, ist die Wärmedämmfähigkeit der künstlichen Steine jedoch eher begrenzt, weshalb eine zusätzliche Dämmung erforderlich ist. Künstliche Steine mit einer eher geringen Rohdichte haben auch eine geringere Wärmeleitfähigkeit, allerdings leiden darunter die statischen, schall- und brandschutztechnischen Eigenschaften.[17] Um die guten Eigenschaften beizubehalten und gleichzeitig den Wärmedämmeffekt zu erhöhen, werden die Hohlräume der Mauersteine heute oftmals mit Dämmstoffen, z.B. Steinwolle oder Perlit, befüllt.[18]

---

[17] Vgl. Königstein, T. (2014): Ratgeber Energiesparendes Bauen und Sanieren, 6. Auflage, Taunusstein, S. 20

[18] Vgl. Königstein, T. (2014): Ratgeber Energiesparendes Bauen und Sanieren, 6. Auflage, Taunusstein, S. 23

Alternativ zu Mauersteinen können auch Nadel- oder Laubhölzer genutzt werden. Einige Vorteile des Holzbaus liegen auf der Hand: Holz ist ein nachwachsender Rohstoff, der Baustoff ist wiederverwendbar und Produktion wie Verarbeitung somit völlig unbedenklich. Auch hat es gute statische Eigenschaften und ist leicht zu verarbeiten. Experten sprechen dem Holz weitere Qualitäten zu. So soll es das räumliche Wohlbefinden steigern, stressmindernd und antiseptisch wirken und eine ausgleichende Wirkung auf die Luftfeuchtigkeit haben. Da Nadel- und Laubhölzer allerdings nur ähnliche Wärmedämmeigenschaften wie ein durchschnittlicher Ziegelstein haben, ist eine zusätzliche Wärmedämmung auch hier unabdingbar.[19]

3.2 Fenster

Fenster stellen stets eine energetische Schwachstelle dar, da selbst die beste Verglasung wärmedämmtechnisch schwächer ist als ein übliches Mauerwerk. Andererseits sind sie für das Wohlbefinden der Nutzer aufgrund des Tageslichteinfalls unabdingbar. Außerdem bringen sie den Vorteil mit sich, die Wärme der Sonnenstrahlen und somit kostenlose Energie ins Haus zu lassen.[20]

Die Zwischenräume mehrscheibig verglaster Fenster werden mit Luft oder Edelgasen, z.B. Argon, befüllt, welche zum Großteil für die Dämmwirkung des Fensters verantwortlich sind. Dies bringt energetische Vorteile mit sich, wie nachfolgende Tabelle zeigt.

Verglasung	U-Wert in W/(m²K)	Scheinen-Innenoberflächentemperatur bei -10°C außen u. +20°C innen
1-Scheiben-Glas	5,2	-1,0 °C
2-Scheiben-Isolierglas	2,6 – 3,0	+8,4 °C
2-Scheiben-Wärmeschutzglas	0,9 – 1,8	+15,5 bis +12,8 °C
3-Scheiben-Wärmeschutzglas	0,4 – 0,9	+17,3 bis +16,4 °C

Tabelle 3: U-Werte und Oberflächentemperaturen verschiedener Fenster (vgl. Königstein, T. (2014): Ratgeber Energiesparendes Bauen und Sanieren, 6. Auflage, Taunusstein, S. 94)

Oftmals wird außer Acht gelassen, dass 25 bis 45 % einer Fensteröffnung auf den Rahmen entfallen. Die Wahl des richtigen Fensterrahmenmaterials hat daher großen Einfluss auf den Energieverlust durch die Fenster. Während Holz und Kunststoff gute Wärmedämmeigenschaften haben, ist ein ungedämmter Aluminiumfensterrahmen in der Regel nicht empfehlenswert.[21] Selbiges gilt für die Glasabstandshalter – Abstandshalter aus Aluminium oder Stahl haben eine hohe Wärmeleitfähigkeit und wirken als Wärmebrücke. Sie sind oftmals die energetische Schwachstelle eines Fensters.[22]

3.3 Dach

Das Dach ist das Bauteil, welches am stärksten durch äußere Witterungsverhältnisse belastet wird. Starke Sonneneinstrahlung, Niederschlag, Schneelasten und Wind wirken regelmäßig auf

---

[19] Vgl. Königstein, T. (2014): Ratgeber Energiesparendes Bauen und Sanieren, 6. Auflage, Taunusstein, S. 25
[20] Vgl. Königstein, T. (2014): Ratgeber Energiesparendes Bauen und Sanieren, 6. Auflage, Taunusstein, S. 92
[21] Vgl. Königstein, T. (2014): Ratgeber Energiesparendes Bauen und Sanieren, 6. Auflage, Taunusstein, S. 98 f.
[22] Vgl. Königstein, T. (2014): Ratgeber Energiesparendes Bauen und Sanieren, 6. Auflage, Taunusstein, S. 95

das Dach ein. Was den winterlichen Wärmeschutz angeht, wird die Rolle des Dachs oft unterschätzt. Je nach Bauart des Hauses hat es jedoch einen Anteil von mehr als 25% der Gebäudeaußenhülle.

Seit dem Wohnungsmangel Mitte des 20. Jahrhunderts wurde es immer üblicher, Dachgeschossräume auszubauen und zu Wohnzwecken zu nutzen, was die Möglichkeiten der Dämmung einschränkt. In vielen Fällen befindet sich nämlich der oberste beheizte Raum direkt unter dem Dach, sodass eine Dämmung der obersten Geschossdecke, wie es bei Trockenböden nicht unüblich ist, hier nicht in Frage kommt.

Je nach Dachform können verschiedene Dämmverfahren zum Einsatz kommen. Beim Satteldach, der wohl häufigsten Dachform, sind vor allem die Verfahren der Aufsparren-, der Zwischensparren- sowie der Untersparrendämmung geläufig.[23]

3.4 Kellerdecke und Bodenplatte

Untersuchungen des Frauenhofer Instituts für Bauphysik in Stuttgart zufolge können die Wärmeverluste über Kellerdecke bzw. Bodenplatte etwa 20% der Gesamtwärmeverluste in einem Einfamilienhaus betragen. Somit sollte auch dieser Bereich gedämmt werden. Hierbei gibt es verschiedene Möglichkeiten: Bei unbeheizten Kellerräumen etwa ist es sinnvoll, die Kellerdecke zu dämmen, damit die Wärme der beheizten Räume im Erdgeschoss weniger stark abfließen kann. Bei beheizten Kellerräumen oder beheizten Gebäuden ohne Unterkellerung sollte der Boden gegen das Erdreich gedämmt werden. Außerdem sollte auf eine Dämmung der Außenwände gegen das Erdreich nicht verzichtet werden.[24]

3.5 Heizung

Auch die Heizanlage eines Wohngebäudes hat großen Einfluss auf den Energieverbrauch, den Ausstoß von Kohlenstoffdioxid und die Kosten der Beheizung. In den heutigen Zeiten wird dabei mehr und mehr der Versuch unternommen, auf die klassischen fossilen Brennstoffe Öl und Gas zu verzichten und stattdessen beispielsweise auf nachwachsende Rohstoffe – hier sei insbesondere die Holzpelletheizung genannt – zu setzen. Bei Neubauten besteht heute gemäß Erneuerbare-Energien-Wärmegesetz (EEWärmeG) gar die Pflicht, Heizenergie zu einem gewissen Anteil aus erneuerbaren Energien zu gewinnen, beispielsweise mithilfe von Geothermie oder Solarkollektoren. Bei Bestandsbauten ist gemäß EnEV 2014 ab dem Jahre 2015 vorgeschrieben, Heizkessel, die vor mehr als 30 Jahren in Betrieb genommen wurden, zu erneuern.

---

[23] Vgl. Königstein, T. (2014): Ratgeber Energiesparendes Bauen und Sanieren, 6. Auflage, Taunusstein, S. 73 ff.
[24] Vgl. Königstein, T. (2014): Ratgeber Energiesparendes Bauen und Sanieren, 6. Auflage, Taunusstein, S. 78

4. Historische Entwicklung

Durch ein steigendes Umweltbewusstsein der Bevölkerung und eine immer stärker werdende mediale Berichterstattung haben Themen wie Energieeffizienz und winterlicher Wärmeschutz heute einen deutlich höheren Stellenwert als noch vor einigen Jahren.

Somit sind auch die Anforderungen an Neubauten sowie Modernisierungen von Bestandsgebäuden in den vergangenen Jahrzehnten enorm gestiegen. Die heute gültigen Anforderungen sind in der Energieeinsparverordnung 2014 geregelt. Vorschriften über die Energieeffizienz von Gebäuden sind dabei nicht neu, sondern entwickelten sich über Jahrzehnte stetig weiter. Bei diesem Prozess wurde beispielsweise mithilfe effizienterer Heizungs-systeme, moderner Dämmstoffe oder besserer Fensterverglasungen der CO_2 –Ausstoß nachhaltig gesenkt und soll auch künftig weiter verringert werden.

Das folgende Kapitel gibt einen kurzen Überblick über die Entwicklung der Anforderungen an den winterlichen Wärmeschutz im deutschen Wohnungsbau.

4.1 Frühes 20. Jahrhundert: Die 4 Klimazonen

Erste Wärmeschutz-Vorschriften entstanden in Deutschland zu Beginn des 20. Jahrhunderts. In den ersten Jahrzehnten des 20. Jahrhunderts war das ehemalige Deutsche Reich in 4 Klimazonen aufgeteilt, um den unterschiedlichen klimatischen Bedingungen dieser Gebiete Rechnung zu tragen. Die Ostgebiete des damaligen Staatsgebietes wurden hierbei in Klimazone IV zusammengefasst. Eine genaue Zuordnung der Klimazonen ist heute mangels vorhandenen Kartenmaterials leider nicht mehr möglich.[25]

Da Wärmedämmstoffe bis Mitte des 20. Jahrhunderts noch weitgehend unüblich waren, bezogen sich die Vorschriften in dieser Zeit lediglich auf eine Mindeststärke der Ziegel-außenwände inklusive Putzschichten.[26]

Klimazone	I	II	III	IV
Dicke der Außenwände in cm	25	38	51	65

Tabelle 4: Mindestdicke der Ziegelaußenwände im frühen 20. Jahrhundert (vgl. Schild, K. und Willems, W.M. (2013): Wärmeschutz, 2. Auflage, Wiesbaden, S. 138)

4.2 1952: Mindestwärmeschutz gemäß DIN 4108

Im Jahr 1952 erschien die Erstausgabe der DIN 4108, in welcher erstmals ausführliche Vorgaben sowie Handlungsempfehlungen für den Wärmeschutz zusammengefasst waren. Hierbei war das Ziel der Vorgaben noch immer der hygienische Mindestwärmeschutz. In der DIN 4108 wurden aus den vorher bekannten vier „Klimazonen" drei „Wärmedämmgebiete".[27]

Die DIN 4108 wurde seit ihrer Einführung stetig weiterentwickelt und 1981 schließlich um den Normenteil DIN 4108-2 erweitert. Mit der Ausgabe von 1981 wurde außerdem das Konzept der Wärmedämmgebiete durch einheitliche Regelungen ersetzt.[28]

---

[25] Vgl. Schild, K. und Willems, W.M. (2013): Wärmeschutz, 2. Auflage, Wiesbaden, S. 183
[26] Vgl. Schild, K. und Willems, W.M. (2013): Wärmeschutz, 2. Auflage, Wiesbaden, S. 183
[27] Vgl. Schild, K. und Willems, W.M. (2013): Wärmeschutz, 2. Auflage, Wiesbaden, S. 184
[28] Vgl. Schild, K. und Willems, W.M. (2013): Wärmeschutz, 2. Auflage, Wiesbaden, S. 184

Nach wie vor haben einige Punkte bedeutende Aktualität, die bereits in der ersten Ausgabe der DIN 4108 aus dem Jahr 1952 verankert waren:

- Vermeidung exponierter Standorte mit ungehindertem Windangriff,
- Wahl einer kompakten Bauweise,
- Geeignete Ausrichtung der Fenster zur Nutzung solarer Einträge im Winter,
- Vermeidung übergroßer Fensterflächen,
- Ausreichende Dämmung der Außenbauteile,
- Vermeidung von Wärmebrücken,
- Anordnung von Wasser- und Heizleitungen möglichst in Innenbauteilen.[29]

Abbildung 2: Karte der Wärmedämmgebiete gem. DIN 4108, Ausgabe Juli 1952 (aus: Schild, K. und Willems, W.M. (2013): Wärmeschutz, 2. Auflage, Wiesbaden, S. 184)

---

[29] Vgl. Schild, K. und Willems, W.M. (2013): Wärmeschutz, 2. Auflage, Wiesbaden, S. 185 f.

4.3   1976: Energieeinsparungsgesetz, Wärmeschutzverordnung und Heizanlagenverordnung

Als Konsequenz aus den Ölpreiskrisen der 1970er Jahre wurde 1976 das Energieeinsparungsgesetz (EnEG) eingeführt, welches erstmals eine Rechtsgrundlage für staatliche Vorgaben an einen energiesparenden Wärmeschutz bot.[30]

Dadurch entstanden anschließend auch verschiedene Fassungen der Wärmeschutzverordnung, welche auf die Reduzierung des Nutzenergiebedarfs hinzielten sowie parallel dazu die Heizanlagenverordnung, welche Vorschriften zum Betrieb, der Auslegung und der Regelungstechnik von Heizanlagen sowie der Wärmedämmung entsprechender Rohrleitungen enthielt.[31]

4.4   2002: Einführung der Energieeinsparverordnung

Im Jahre 2002 wurde die Energieeinsparverordnung (EnEV) erlassen. In dieser sind die Inhalte der Wärmeschutzverordnung und der Heizanlagenverordnung zusammengefasst.[32] Die EnEV wurde seither mehrfach überarbeitet und liegt derzeit in der Ausgabe von 2014 vor.

Die EnEV schreibt dabei die energetische Qualität von Neu- und Altbauten vor. Allerdings wird hier nur ein Zielwert für den Jahresprimärenergiebedarf angegeben, sodass energetisch schlechtere Bauteile mit besseren „verrechnet" werden können.[33]

4.5   2008: Einführung des Erneuerbare-Energien-Wärmegesetzes

Zusätzlich zur EnEV wurde 2008 das Erneuerbare-Energien-Wärmegesetz (EEWärmeG) im Bereich des energiesparenden Wärmeschutzes eingeführt. In diesem wird das Ziel formuliert, bis spätestens zum Jahr 2020 mindestens 14% des Wärme- und Kälteenergiebedarfs von Gebäuden durch erneuerbare Energien zu decken. Zu diesem Zweck schreibt das EEWärmeG vor, dass Neubauten zu einem festgeschriebenen prozentualen Anteil über erneuerbare Energien versorgt werden müssen.[34]

4.6   2014: Aktuellste Novellierung der EnEV

Am 01. Mai 2014 löste die EnEV 2014 die bis dato gültige EnEV 2009 ab. Dies bedeutet, dass Bauanträge, die nach dem 30. April 2014 eingereicht wurden, den Ansprüchen der EnEV 2014 genügen müssen. Außerdem sieht die EnEV 2014 ab dem 1. Januar 2016 eine weitere Verschärfung der Anforderungen für Neubauten vor.

Gegenüber der EnEV 2009 bestehen die wesentlichen Änderungen in der EnEV 2014 aus folgendem:

- Reduzierung des Primärenergiebedarfs bei Neubauten um 25% ab 2016,
- Reduzierung der zulässigen Transmissionswärmeverluste über die Gebäudehülle um bis zu ca. 20%,
- Neuregelung der Ausstellung von Energieausweisen (jeder Energieausweis bekommt eine Registriernummer),

[30] Vgl. Schild, K. und Willems, W.M. (2013): Wärmeschutz, 2. Auflage, Wiesbaden, S. 185
[31] Vgl. Schild, K. und Willems, W.M. (2013): Wärmeschutz, 2. Auflage, Wiesbaden, S. 185
[32] Vgl. Schild, K. und Willems, W.M. (2013): Wärmeschutz, 2. Auflage, Wiesbaden, S. 185
[33] Vgl. Königstein, T. (2014): Ratgeber Energiesparendes Bauen und Sanieren, 6. Auflage, Taunusstein, S. 144 ff.
[34] Vgl. Schild, K. und Willems, W.M. (2013): Wärmeschutz, 2. Auflage, Wiesbaden, S. 185

- Einführung einer Energieeffizienzklasse im Energieausweis,
- Verlegung des Referenzklimas in Deutschland von Würzburg nach Potsdam,
- Neufassung der Anrechenbarkeit von Strom aus erneuerbaren Energien,
- Entfernung der Regelung der Außerbetriebnahme von Elektrospeicherheizungen,
- Neuregelung bei der Aushändigung von Energieausweisen,
- Möglichkeit der Einführung eines Modellberechnungsverfahrens für nicht gekühlte Wohngebäude,
- Die Energiekennzahl einer angebotenen Immobilie muss bei Immobilienanzeigen mit angegeben werden.[35]

5. Sanierung energetischer Schwachpunkte

Während bei der Neuerrichtung einer Immobilie die Möglichkeit besteht, bereits während der Planungsphase des Objekts ein ernegetisches Gesamtkonzept zu entwickeln und während der Ausführungsphase auf die Verwendung ernegiesparender Bauteile sowie hochmoderner Dämmstoffe zu setzen, bleibt für die nachhaltige Verbesserung einer Bestandsimmobilie oftmals nur die Möglichkeit, das Objekt an diversen Punkten aufwändig zu modernisieren.

Das folgende Kapitel der Hausarbeit beschäftigt sich daher mit möglichen Modernisierungsmaßnahmen verschiedener Bauteile der Gebäudeaußenhülle.

5.1 Dämmung der Außenwand

Etwa 40% der Gebäudehülle machen die Außenwände eines Gebäudes aus.[36] Dieser Wert zeigt deutlich, wie wichtig eine entsprechende Dämmung ist, um den energetischen Standard des Gebäudes auf ein hohes Niveau zu bringen. Bei der Dämmung von Außenwänden kommen verschiedene Varianten in Frage.

5.1.1 Innendämmung

Innendämmsysteme (IDS) werden bereits seit den ersten Ölpreisschocks in den 1970er Jahren genutzt. Heute gibt es verschiedene Varianten auf dem Markt: Bei den Verbundplatten sind Dämmstoff und Deckplatte werkseitig verklebt und teils eine Dampfsperre integriert. Die Platten werden entweder an der Außenwand verklebt oder verdübelt und anschließend verspachtelt und gestrichen oder verputzt. Beim Innenputzsystem wird eine Dämmplatte verdübelt bzw. verklebt und direkt nass verputzt. Alternativ wird ein Wärmedämmputz genutzt. Die dritte Variante ist die Nutzung einer Unterkonstruktion. Hier wird der Dämmstoff zwischen einer Aluminium- oder Holzkonstruktion montiert, darüber wird eine Innenverkleidung, welche teilweise mit Luftdichtung oder Dampfbrese ausgestattet ist, angebracht.[37]

Bei der Nutzung von Innendämmungen besteht allerdings regelmäßig die Gefahr von Wärmebrücken und dadurch entstehenden Feuchteschäden. Außerdem geht mit ihr der Verlust von Wohnfläche einher.

---

[35] Vgl. Volland, K. und Volland, J. (2014): Wärmeschutz und Energiebedarf nach EnEV 2014, 4. Auflage, Köln, S. 11 f.
[36] Vgl. Königstein, T. (2014): Ratgeber Energiesparendes Bauen und Sanieren, 6. Auflage, Taunusstein, S. 55
[37] Vgl. Königstein, T. (2014): Ratgeber Energiesparendes Bauen und Sanieren, 6. Auflage, Taunusstein, S. 57

Eine Innendämmung sollte daher nur in Betracht gezogen werden, wenn das Anbringen einer Außendämmung nicht möglich ist. Hierzu kann es aus verschiedenen Gründen kommen: Das Gebäude bzw. seine Fassade stehen unter Denkmalschutz; die Fassade soll erhalten bleiben, beispielsweise bei Sichtfachwerk oder Sichtmauerwerk; Kellerräume sollen nachträglich beheizt werden; das Gebäude wird dauerhaft nur teilgenutzt oder teilbeheizt; eine Außendämmung kann aufgrund zu geringer Grenzabstände oder wegen technischer Probleme nicht ausgeführt werden.[38]

5.1.2 Außendämmung

Wo immer dies möglich ist, ist eine Außendämmung der Wände zu bevorzugen. Die Vorzüge der Außendämmung bestehen beispielsweise darin, dass größere Dämmstärken als bei der Innendämmung möglich sind. Die Außendämmung bringt das Mauerwerk in den warmen Bereich und sorgt damit für eine bessere Erhaltung der Bausubstanz. Darüber hinaus werden Wärmebrücken vermieden und der sommerliche Wärmeschutz wird ebenfalls verbessert.[39]

Für die Außendämmung kommen im Wesentlichen zwei Varianten in Frage: Die Dämmung mit Wärmedämmverbundsystemen, kurz WDVS, ist sowohl für den Neubau als auch für die nachträgliche Dämmung von Bestandsgebäuden geeignet und vergleichsweise kostengünstig. Hier werden zunächst die Dämmplatten direkt auf die Mauer oder auf den vorhandenen Außenputz geklebt und/oder verdübelt und anschließend mit einem Armierungsgewebe verkleidet, welches Dehnungsspannungen aufnimmt und somit eine spätere Rissbildung im Außenputz, der Schlussbeschichtung, verhindert. Für die Ausführung einer Wärmedämmung mit einem WDVS kommen verschiedene Dämmmaterialien in Frage. Die kostengünstigste Möglichkeit bietet hierbei das Polystyrol.[40]

Eine andere Variante ist die sogenannte Vorgehängte hinterlüftete Fassade, kurz VHF, welche zwei gewichtige Vorteile mit sich bringt. Zum Einen bietet sie einen besonders dauerhaften Witterungsschutz, zum Anderen lässt sie die Wahl einer repräsentativen Fassadengestaltung zu. Die VHF besteht aus der Dämmung, einer Unterkonstruktion mit Befestigungsmitteln, einer Hinterlüftung mit vertikaler Luftschicht sowie der vorgehängten und hinterlüfteten Fassade, welche einen Wetterschutz bietet. Mithilfe der Hinterlüftung wird für eine sichere Abführung von Feuchtigkeit gesorgt. Da die VHF vergleichsweise kostenintensiv ist, kommt sie im Wohnungsbau eher selten vor.[41]

5.1.3 Kerndämmung

Bei der Kerndämmung spricht man auch von einer zweischaligen Bauweise. Hierbei übernimmt eine 18 bis 25 cm starke Außenwand als innere Mauer Statik und Wärmespeicherung. Auf diese wird eine 15 bis 25 cm starke Dämmschicht aufgebracht, welche von einer schwächeren äußeren Mauer vor Witterungseinflüssen geschützt wird. Da es sich hierbei um ein sehr teures Wärmedämmsystem handelt, spielt die Kerndämmung bei der Sanierung von Wohngebäuden eine untergeordnete Rolle.[42]

---

[38] Vgl. Königstein, T. (2014): Ratgeber Energiesparendes Bauen und Sanieren, 6. Auflage, Taunusstein, S. 56
[39] Vgl. Königstein, T. (2014): Ratgeber Energiesparendes Bauen und Sanieren, 6. Auflage, Taunusstein, S. 61
[40] Vgl. Königstein, T. (2014): Ratgeber Energiesparendes Bauen und Sanieren, 6. Auflage, Taunusstein, S. 62 ff.
[41] Vgl. Königstein, T. (2014): Ratgeber Energiesparendes Bauen und Sanieren, 6. Auflage, Taunusstein, S. 67 f.
[42] Vgl. Königstein, T. (2014): Ratgeber Energiesparendes Bauen und Sanieren, Taunusstein, S. 60

5.2 Dämmung des Daches

Beim Dach wird der Wärmeschutz vor allem durch die aufgebrachte Wärmedämmschicht erbracht, während andere Schichten, z.B. die Ziegeleindeckung, nur konstruktive oder mikroklimatische Aufgaben haben und keinerlei Wärmeschutzfunktion bieten. Handelt es sich bei dem Raum unter dem Dach um einen unbeheizten Trockenboden, ist unbedingt die oberste Geschossdecke, nicht aber die Dachschrägen zu dämmen. Dies bietet einen kostengünstigeren und effizienteren Wärmeschutz.[43]

Da es eine Vielzahl verschiedener Dachformen und somit auch verschiedener Möglichkeiten der Dämmung gibt, beschäftigt sich dieser Abschnitt insbesondere mit der Dämmung der in Deutschland häufigsten Dachform, des Satteldaches. Auch hier kommen verschiedene Möglichkeiten der Dämmung in Betracht.

Bei der Zwischensparren-Dämmung, auch Vollsparrendämmung genannt, wird das Dämmmaterial zwischen den einzelnen Sparren eingebracht. Der Nachteil dieser Variante liegt in den Sparren, da Holz mit einem λ von 0,13 W/(mK) eine etwa drei bis viermal höhere Wärmeleitfähigkeit als die eingebrachten Dämmstoffe hat und somit Wärmebrücken entstehen. Außerdem wird es aufgrund des Holzanteils schwieriger, einen niedrigen U-Wert an der gesamten Dachfläche zu erreichen.[44]

Eine Aufsparren-Dämmung ist immer dann zu empfehlen, wenn es sich um einen Neubau handelt oder wenn eine Dachneueindeckung erfolgen soll und einfache Dachgeometrien vorhanden sind. Hierbei wird die Dämmschicht oberhalb der Sparren angebracht, wodurch eine lückenlose Wärmedämmung entsteht und Wärmebrücken vermieden werden. Weiter bleiben die Sparren – ähnlich wie die Außenwand bei Außendämmungen – im warmen Bereich, was den Verschleiß mindert. Der Nachteil der Aufsparrendämmung besteht darin, dass die Dämmstarke auf maximal 28cm begrenzt ist, da andernfalls der Dachaufbau insgesamt zu hoch wird. Diesem Problem kann man entgegenwirken, indem Dämmstoffe aus Materialien verwendet werden, die eine besonders geringe Wärmeleitfähigkeit haben.[45]

Wenn nicht anders möglich, ist auch eine Untersparren-Dämmung denkbar. Aufgrund des dadurch verlorenen Innenraums und aus konstruktiven Gründen kommen hierbei aber häufig nur äußerst geringe Dämmschichtstärken in Betracht, wodurch sich die Wärmedämmeffekte in Grenzen halten. In diesen Fällen kann oftmals eine Kombination aus den drei Varianten, z.B. Zwischensparren- und Untersparrendämmung sinnvoll sein.[46]

5.3 Dämmung von Kellerdecke und Bodenplatte

Wie bereits in Kapitel 3.4 erwähnt, geht ein Großteil der Wärmeenergieverluste auf das Konto von Transmission im Bereich der Kellerdecke bzw. der Bodenplatte.

Die Dämmung der Kellerdecke sollte nach Möglichkeit unterhalb der Kellerdecke erfolgen, sodass auch hier die Bausubstanz im warmen Bereich liegt. Bei Neubauten ist dies in der Regel problemlos umzusetzen, bei der Sanierung von Bestandsbauten hingegen müssen zunächst die Gegebenheiten geklärt werden. Wichtig ist, dass die Dämmung auf einer glatten Fläche aufge-

---

[43] Vgl. Königstein, T. (2014): Ratgeber Energiesparendes Bauen und Sanieren, Taunusstein, S. 72
[44] Vgl. Königstein, T. (2014): Ratgeber Energiesparendes Bauen und Sanieren, Taunusstein, S. 73 f.
[45] Vgl. Königstein, T. (2014): Ratgeber Energiesparendes Bauen und Sanieren, Taunusstein, S. 74 f.
[46] Vgl. Königstein, T. (2014): Ratgeber Energiesparendes Bauen und Sanieren, Taunusstein, S. 75

bracht wird, damit sie dicht anliegend und fugenfrei ist. Daher ist es unter Umständen sinnvoll, die Fläche vor der Aufbringung einer Dämmung aus Plattenware zunächst mit einer dünnen Putzschicht zu versehen. Sollten Rohrleitungen zu dicht unter der Decke verlaufen, um entsprechend starke Dämmplatten – hier sind immerhin Stärken von 8 bis 15 cm sinnvoll – aufbringen zu können, kann als Alternative eine abgehängte Decke mit einer Stoffdämmung aus Mineralwolle angebracht werden.[47]

Eine Dämmung der Bodenplatte sollte bei Neubauten unterhalb der Bodenplatte stattfinden. Hierbei wird die Bodenplatte auf im Verbund verlegte PU- oder XPS-Platten betoniert. Bei der Sanierung hingegen muss die Dämmung oberhalb der Bodenplatte erfolgen. Eine interessante, wenn auch kostspielige Möglichkeit ist hier das Verlegen einer VIP-Dämmung. Hierzu wird der Estrich des Kellerbodens herausgebrochen und anschließend die Dämmung mit einer Stärke von 1 cm verlegt. Da die VIP-Platten in dieser Stärke die gleiche Dämmwirkung wie 10 cm Standarddämmstoff haben, ist eine so dünne Schicht ausreichend.[48]

6. Kritik

Weil Politik und ein Großteil der Medien Wärmedämmungen als Fortschritt und Gewinn verkaufen und aufgrund des stetig wachsenden Umweltbewusstseins der Bevölkerung, ge-raten kritische Stimmen zu diesem Thema oft in den Hintergrund oder werden gar nicht gehört. Das letzte Kapitel der Hausarbeit soll sich daher mit der Frage beschäftigen, ob die Wärmedämmungen tatsächlich nur Vorteile mit sich bringen.

6.1 Ästhetik und Stadtbild

Als erster Kritikpunkt des staatlich vorgeschrieben "Dämmwahns" seien hier die Ästhetik der Immobilien und die regionalen Unterschiede im Bauwesen, insbesondere Material und Baustil betreffend, genannt. Während die Außendämmung einer mit Stuckornamenten versehenen Gründerzeitfassade womöglich noch durch den Denkmalschutz verhindert wird, gilt der Verlust der Ästhetik neuerer Bauwerke zugunsten einer verbesserten Energiebilanz als verschmerzbar. Oftmals ist die Sichtbarkeit der Fassade jedoch nicht nur ausschlaggebend für die Ästhetik des einzelnen Objekt, sondern prägt vielmehr das Bild einer Stadt oder gar einer ganzen Region: "Besonders die norddeutschen Städte bekommen das zu spüren. Ihre Häuser aus Backstein mögen auf den ersten Blick recht gediegen, manchmal auch ungeschlacht wirken. Sobald aber ein wenig Sonne auf die Fassaden fällt, beginnen die abertausend Klinkersteine ihr changierendes Spiel aus Rot-, Blau- und Ockertönen. ... Raffiniert entwickelt sich der Bauschmuck aus dem Verbund der Steine, die Großform und die Kleinform lassen sich nicht trennen."[49]

Die im Zitat angesprochenen Backsteine und andere Fassaden verschwinden unter den Dämmplatten, was die Schönheit der Objekte einschränkt und für monotone Stadtbilder in Deutschland sorgt.

---

[47] Vgl. Königstein, T. (2014): Ratgeber Energiesparendes Bauen und Sanieren, Taunusstein, S. 78 f.
[48] Vgl. Königstein, T. (2014): Ratgeber Energiesparendes Bauen und Sanieren, Taunusstein, S. 79
[49] Rauterberg, H. (27.10.2010): „Schluss mit dem Dämmwahn!": Zeit Online, http://www.zeit.de/2010/44/Architektur-Gebaeude-Daemmung, abgerufen am 23.12.2014, 15:32 Uhr

6.2 Kosten und Nutzen

Oftmals wird behauptet, die Kosten für eine Wärmedämmung würden sich durch die eingesparten Heizenergiekosten amortisieren. Einer Prognos-Studie nach, die Anfang 2013 veröffentlicht wurde, stimmt dies hingegen eindeutig nicht. So müssten, um ein Erreichen der Energieeinsparziele zu gewährleisten, zwischen 2013 und 2050 wohnungswirtschaftliche Investitionen im Wert von über 838 Milliarden Euro getätigt werden. Demgegenüber steht ein von den Forschern errechnetes Energiekosteneinsparpotenzial in Höhe von 370 Milliarden Euro und somit ein Gesamtverlust von 468 Milliarden Euro.[50]

Da es sich bei Wärmedämmungen um Modernisierungen handelt, können jährlich 11% der entstandenen Kosten vom Eigentümer auf die Mieter umgelegt werden. Insbesondere in Ballungsräumen, in denen auch ohne Modernisierungszuschläge oftmals nur schwerlich bezahlbarer Wohnraum zu finden ist, könnte sich dadurch die Wohnungsmarktsituation weiter zuspitzen.

6.3 Brandschutz

Insbesondere bei Wärmedämmverbundsystemen werden besonders oft Dämmplatten aus Styropor genutzt, da diese vergleichsweise günstig sind. Über diese Dämmstoffe gibt es durchaus kritische Stimmen in Zusammenhang mit dem Brandschutz der Gebäude: „Zusammen mit Dreifach-Verglasungen erschweren sie laut Aussagen der Feuerwehr die Brandbekämpfung. Feuerwehrchef Reinhard Ries, Frankfurter Branddirektor, sieht in dem Material einen Brandbeschleuniger, der ‚unheimlich hohe Temperaturen‘ verursacht. Hat Styropor einmal Feuer gefangen, so setzt es eine enorme Hitze und giftige Gase frei. Das sei dann wie ein ‚flüssiger, brennender See‘, als hätte man mehrere Tausend Liter Benzin oder Mineralöl entzündet."[51]

6.4 Energieeinsparung und Umweltschutz

Auch die Frage, ob Wärmedämmverbundsysteme langfristig ökologisch sinnvoll sind, ist bislang nicht eindeutig geklärt.

Wie bereits erwähnt, besteht ein Großteil der Dämmplatten aus Styropor, da dieses im Vergleich zu anderen Dämmstoffen kostengünstig ist. Bei Styropor handelt es sich jedoch um chemisch veredeltes, aufgeschäumtes Rohöl. Bei der Herstellung des Styropors werden enorme Energiemengen benötigt, außerdem ist der Stoff nicht recyclebar. Auch über die Haltbarkeit der WDVS ist bislang wenig bekannt. Axel Gedaschko, Präsident des GDW Bundesverband Deutscher Wohnungs- und Immobilienunternehmen, gab gegenüber der „Welt" an, dass Mitgliedsunternehmen des Verbandes bereits 20 Jahre nach dem Aufbringen der Wärmedämmung Schäden feststellen mussten.[52] Es ist somit zu befürchten, dass bis 2050 bereits etliche Wärmedämmungen erneuert werden müssen, was nicht nur zusätzliche Kosten mit sich bringt, sondern darüber hinaus auch Fragen nach der Entsorgung der defekten Dämmstoffe aufwirft.

---

[50] Vgl. Haimann, R. (29.03.2013): „Die große Lüge von der Wärmedämmung": Die Welt Online, http://www.welt.de/finanzen/immobilien/article114866146/Die-grosse-Luege-von-der-Waermedaemmung.html, abgerufen am 23.12.2014, 16:17 Uhr

[51] Neustadt, W. (05.05.2013): „Ich dämme – also bin ich? – der Widerstand gegen die staatliche Dämmpolitik wächst": Bamberger Onlinezeitung, http://www.bamberger-onlinezeitung.de/2013/05/05/ich-damme-also-bin-ich-der-widerstand-gegen-die-staatliche-dammpolitik-wachst/, abgerufen am 23.12.2014, 16:40 Uhr

[52] Vgl. Haimann, R. (29.03.2013): „Die große Lüge von der Wärmedämmung": Die Welt Online, http://www.welt.de/finanzen/immobilien/article114866146/Die-grosse-Luege-von-der-Waermedaemmung.html, abgerufen am 23.12.2014, 16:17 Uhr

Weiter soll es Fälle geben, in denen eine Wärmedämmung scheinbar nicht nur keine Energieeinsparung mit sich bringt, sondern den Energiebedarf sogar erhöht. Dies hängt damit zusammen, dass beispielsweise ein Ziegelmauerwerk tagsüber durch Sonnenstrahlen erwärmt wird, diese Wärme speichert und bei Bedarf in die Wohnräume abgeben kann. Wird das Mauerwerk hingegen durch eine Wärmedämmung abgeschirmt, kann die solare Energie nicht genutzt werden.[53]

Sowohl eine ökologische als auch eine ästhetische Problematik könnte sich zudem bei der Algenbildung ergeben. Da die Dämmsysteme nach Feuchteeinträgen deutlich langsamer trocknen als das Mauerwerk, kann sich bereits nach relativ kurzer Zeit ein grünlicher Algenbelag bilden, welcher die Fassade schmutzig wirken lässt:

Abbildung 3: Algenbelag auf Wärmedämmverbundsystem, Foto: Autor

Bei dem gezeigten Objekt handelt es sich um ein Wohn- und Geschäftsgebäude in Menden-Lendringsen, welches im Jahr 2002, also vor gerade einmal zwölf Jahren, mit einem Wärmedämmverbundsystem modernisiert wurde. Auf der Fassade begann bereits vor vier Jahren die sichtbare Algenbildung, was dem Erscheinungsbild des Objekts nicht sonderlich zuträglich ist. Verwendete Gifte, welche die Algenbildung verhindern sollen, sind bereits ausgewaschen und könnten Boden sowie Grundwasser verschmutzen.[54]

6.5 Energieverbrauch und Nutzerverhalten

So gut ein Gebäude auch gedämmt ist – letztlich wird der Energieverbrauch zum Großteil durch das Verhalten der jeweiligen Nutzer bestimmt. Insbesondere nach einer Modernisierung müssen die Nutzer deutlich darauf aufmerksam gemacht werden, dass von ihnen nun ein anderes Heiz- und Lüftungsverhalten erforderlich ist, um tatsächliche Energieeinsparungen verzeichnen zu können.

Auch kann durch immer dichter werdende Außenhüllen bei falschem Verhalten deutlich schneller Schimmel entstehen. Dies gilt insbesondere, wenn eine Innendämmung angebracht wird und sich hierbei Wärmebrücken bilden.

---

[53] Neustadt, W. (05.05.2013): „Ich dämme – also bin ich? – der Widerstand gegen die staatliche Dämmpolitik wächst": Bamberger Onlinezeitung, http://www.bamberger-onlinezeitung.de/2013/05/05/ich-damme-also-bin-ich-der-widerstand-gegen-die-staatliche-dammpolitik-wachst/, abgerufen am 23.12.2014, 16:40 Uhr
[54] Neustadt, W. (05.05.2013): „Ich dämme – also bin ich? – der Widerstand gegen die staatliche Dämmpolitik wächst": Bamberger Onlinezeitung, http://www.bamberger-onlinezeitung.de/2013/05/05/ich-damme-also-bin-ich-der-widerstand-gegen-die-staatliche-dammpolitik-wachst/, abgerufen am 23.12.2014, 16:40 Uhr

Demnach ist die Energieeinsparung letztendlich nicht durch eine Wärmedämmung allein zu erreichen. Vielmehr liegt sie stets in der Hand des Nutzers.

Literaturverzeichnis

Arndt, Horst, Wärmeschutz und Feuchte in der Praxis, Beuth Verlag GmbH, Berlin, 3. Auflage, 2014.

Gärtner, Gabriele und Lotz, Antje, Wärmeschutz in der Praxis: Energetische Optimierung von Gebäuden, Frauenhofer IRB Verlag, Stuttgart, 1. Auflage, 2010.

Haimann, Richard, Die große Lüge von der Wärmedämmung, Die Welt Online, http://www.welt.de/finanzen/immobilien/article114866146/Die-grosse-Luege-von-der-Waermedaemmung.html, 29.03.2013, abgerufen am 23.12.2014 um 16:17 Uhr.

Königstein, Thomas, Ratgeber Energiesparendes Bauen und Sanieren: Neutrale Fachinformationen für mehr Energieeffizienz, Blottner Verlag GmbH, Taunusstein, 6. Auflage, 2014.

Neustadt, Wolfgang, Ich dämme – also bin ich? – der Widerstand gegen die staatliche Dämmpolitik wächst, Bamberger Onlinezeitung, http://www.bamberger-onlinezeitung.de/2013/05/05/ich-damme-also-bin-ich-der-widerstand-gegen-die-staatliche-dammpolitik-wachst/, 05.05.2013, abgerufen am 23.12.2014 um 16:40 Uhr.

o.V., Wärmedämmung: Vom Keller bis zum Dach, Verbraucherzentrale Bundesverband e.V., Berlin, 7. Auflage, 2012.

Rauterberg, Hanno, Schluss mit dem Dämmwahn, Zeit Online, http://www.zeit.de/2010/44/Architektur-Gebaeude-Daemmung, 27.10.2010, abgerufen am 23.12.2014 um 15:32 Uhr.

Schild, Kai und Willems, Wolfgang M., Wärmeschutz: Grundlagen – Berechnung - Bewertung, Springer Vieweg, Wiesbaden, 2. Auflage, 2013.

Volland, Karlheinz und Volland, Johannes, Wärmeschutz und Energiebedarf nach EnEV 2014: Schritt für Schritt zum Energieausweis für Wohngebäude im Neubau und Bestand, Rudolf Müller GmbH & Co. KG, Köln, 4. Auflage, 2014.

Verzeichnis der Gesetze

DIN 4108

DIN EN ISO 7730

Energieeinsparungsgesetz (EnEG)

Energieeinsparverordnung (EnEV)

Erneuerbare-Energien-Wärmegesetz (EEWärmeG)

Heizanlagenverordnung

Wärmeschutzverordnung